快乐阅读1+1

# 美妙的流星雨

王光军◎编著

郑州大学出版社

郑州

**图书在版编目（CIP）数据**

美妙的流星雨 / 王光军编著. — 郑州 ： 郑州大学
出版社，2016.5
　　ISBN 978-7-5645-2649-8

　　Ⅰ．①美… Ⅱ．①王… Ⅲ．①天文学－少儿读物
Ⅳ．①P1-49

中国版本图书馆CIP数据核字(2015)第277410号

郑州大学出版社出版发行
郑州市大学路40号　　　　　　　　邮政编码：450052
出版人：张功员　　　　　　　　　　发行部电话：0371-66658405
全国新华书店经销
三河市南阳印刷有限公司印制
开本：870 mm×900 mm　1/16
印张：8
字数：100 千字
版次：2016 年 5 月第 1 版　　　　　印次：2016 年 5 月第 1 次印刷

书号：ISBN 978-7-5645-2649-8　　　定价：22.90 元
本书如有印装质量问题，请向本社调换

# 快乐心语

　　我们根据孩子的阅读习惯，将枯燥的科学文章变做短小、简练的知识小文，做到深入浅出。用精美的图片帮助孩子理解，并激发丰富的想象力。为探索太空之旅的广大少年朋友插上腾飞的翅膀。

# 目 录

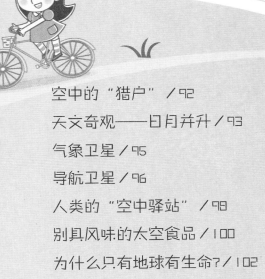

# 太阳对我们来说很重要

太阳对于地球非常重要，不仅是因为太阳是太阳系的主要天体，还因为地球上所需要的能量大部分都是来自太阳能。绿色植物通过光合作用产生有机物质，并把这些有机物质传给其他生物，而它们进行光合作用所需要的能量都来自于太阳。生物需要大量的水才能生存，太阳可以把水从海洋运输到陆地上，这样生物就可以离开海洋，去陆地上生活，不用担心缺水了。

天然气、石油和煤炭是我们主要使用的燃料，如果没有这些燃料，人类社会就会倒退到中世纪去，而这些燃料就是在太阳热量的作用下才形成的。总之，没有太阳，就没有地球上的一切。

# 日食和月食

日食是一种奇特的自然现象，人类在很早以前就观察到这种现象，但是一直没有理解为什么会发生这种现象。在人类完善了时间计量技术之后，一些聪明的人才发现了日食和月食发生的规律，并提出了自己对这些天文现象的看法。有一些看法和实际十分接近，当月亮运行到地球和太阳之间的时候，它有可能挡住太阳，使地球上的一些地方看不见太阳，所以在这些地区就发生了日食。如果月亮只挡住一部分太阳区域，就会发生日偏食。如果挡住了所有的太阳区域，就会发生日全食。如果只挡住了太阳的中心，就会发生日环食。当地球挡住照射到月亮上的太阳光的时候，就会发生月食，不过月食只有偏食和全食。

# 白天也可以看见月亮

我们都知道，白天的天空中除了太阳，根本就看不到其他的星体。可是，有些特殊时期，我们在白天也可以看见月亮，这主要是因为月亮离我们近，能向地球反射阳光，而这些阳光足够强，我们的眼睛能接收到这些光，所以我们在白天也可以看见月亮。虽然有的星体发出的光要比月亮强得多，但是它们离我们太远了，所以我们在白天看不见它们发出来的光，也就不可能在白天看到它们了。

月亮像一面大镜子一样，悬挂在天空，向地球反射一部分阳光，使地球上的夜晚不会是一个绝对漆黑的世界。月亮自转的速度很慢，所以它的一面就会被太阳长时间照射，所以在白天，月亮上的温度有一百多摄氏度，而到了晚上，月亮的温度又降低到零下一百八十摄氏度。

# 月亮能发光吗

在晚上，月亮的光照亮了大地，使夜晚不至于一片漆黑。经过科学家们的研究发现，照亮大地的这些光并不是发自月亮本身，月亮本身其实是不发光的，它只是像镜子一样反射太阳光。不仅是月亮这么做，其他的行星都是这么做的。它们把太阳光反射回地球，使地球上的人在很长时间里都认为它们在发光。因为月亮离我们很近，所以它向地球反射回来的光最多。

月亮的亮度取决于它向地球反射了多少太阳光，所以在满月的时候，月亮最亮，因为在这个时候，月亮的一面都在向地球反射阳光，而在其他时间，只有一部分面向地球反射阳光。

# 地球的形状

我们赖以生存的地球到底是什么样子？每个人都会不假思索地回答："球形。"可是在科学不发达的古代，人们并不知道自己生活在一个圆形的球体上。我们的祖先认为"天圆地方"，天像一把撑开的伞，地如一张铺开的棋盘。古巴比伦人认为，大地像乌龟脊背一样隆起，上面笼罩着半球形的固体天穹。古希腊一些哲学家认为球形是世界上最美的形状，所以他们认为大地应该是球形。不管他们是如何得到这个结论的，他们已经很接近正确的结论。

地球并不是真正的球形，它只是一个很接近于球形的椭圆形物体。因为地球在自转，各个地方的速度又不一样，所以地球的形状也不是标准的球形。地球中心到赤道的距离比到极地的距离要长，而且地球中心到南极的距离比到北极的距离短，所以有人说地球更像一个梨。

# 总是从东边升起的太阳

我们都知道，太阳总是从东边升起，从西边落下。其实，从东边升起并不是太阳自己的选择。太阳是太阳系的中心星体，对于整个太阳系来说，太阳的位置几乎固定不变。我们之所以看见太阳总是从东边升起，那是因为我们居住的地球在自转的缘故。地球自转的方向是由西向东转，这样，阳光就向相反的方向移动，所以它会先照到一个地方的东面，然后再照到西面，这样我们就看到太阳总是从东边升起。

太阳系里每一颗星体都在自转，几乎所有的星体自转的方向都是从西边到东边，只有金星除外。因为它的自转方向与其他行星相反，是从东边转向西边，所以，如果你站在金星上，就会看见太阳是从西边升起，从东边落下。

# 蓝色的天空

　　我们都知道天空是蓝色的，可是你们知道这是为什么吗？其实这是因为地球大气使阳光散射造成的。我们生活在大气中，地球的大气层含有很多气体分子和尘埃，当阳光到达地球以后，它们首先照射到这些大气上，这时候，空气分子和尘埃就会把这些阳光散射向其他方向。在所有可见光中，蓝光和紫光是最容易受到散射的光线之一，红色和绿色的光散射得很少，而紫光更少，人的眼睛感觉不到，所以整个天空看起来就是蓝色的了。

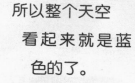

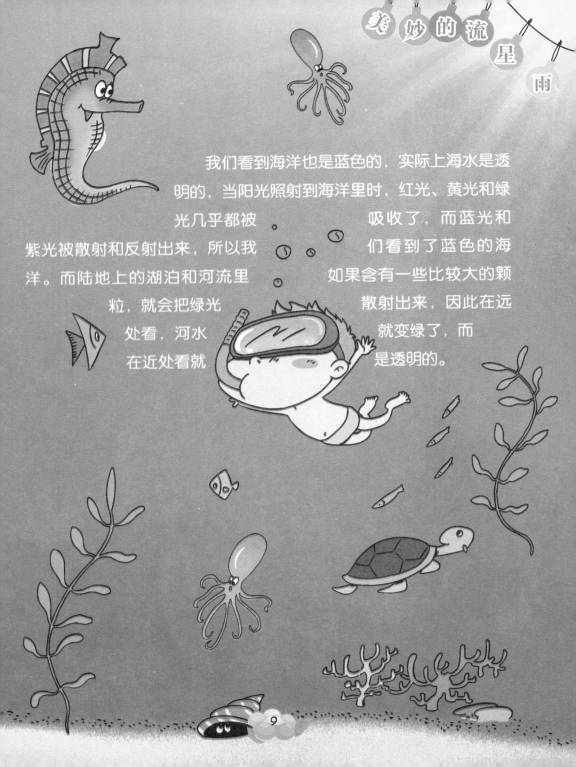

我们看到海洋也是蓝色的，实际上海水是透明的，当阳光照射到海洋里时，红光、黄光和绿光几乎都被　　　　吸收了，而蓝光和紫光被散射和反射出来，所以我　　们看到了蓝色的海洋。而陆地上的湖泊和河流里　　如果含有一些比较大的颗粒，就会把绿光　　散射出来，因此在远处看，河水　　就变绿了，而在近处看就　　是透明的。

9

# 云的形成与移动

　　我们小的时候，常常抬头看着天空的云，可我们并不知道云是怎么形成的。其实云是由大量的水蒸气组成的，这些水蒸气不是从太空中来的，而是从地球表面来的。海洋是形成大的云团的主要地区，当阳光照射到海洋上，海水就会吸收阳光的热量，这样海洋表面的液态水就会被蒸发到空中，因为海洋的表面非常大，所以被蒸发的水的数量也就非常多。在地球自转的作用下，这些水蒸气聚合在一起，就形成了云。

　　在云形成的地方，因为气体分子变多了，所以它们运动的速度也变快了，于是这些多余的大气就会向其他地方移动。

# 臭氧层的形成与作用

氧气是绿色植物的光合作用产生的，所以氧气基本上都集中在大气底部。而那些飘到大气中层的氧气受到紫外线的照射，分子结构发生了改变，成为一种新的氧分子，这种分子的气味比较臭，所以叫作臭氧。氧分子并不容易转化为臭氧，所以我们头顶上的臭氧层是经过了很多年才慢慢形成的。

臭氧与我们熟知的氧气是"亲兄弟"，只是臭氧由三个氧原子构成，而氧气由两个氧原子构成。由于臭氧和氧气之间的平衡，大气中形成了一个较为稳定的臭氧层，这个臭氧层的高度在距离

地面15～25千米处。生成的臭氧对太阳的紫外线辐射有很强的吸收作用，有效地阻挡了对地表生物有伤害的紫外线。实际上可以说，臭氧层形成之后，才有了生命在地球上的生存、延续和发展，臭氧层也就成为地表生物系统的"保护伞"。

# 冬天和夏天

我们生活的地球并不是直直地竖立在太空中的，而是向一个方向倾斜着的，这也是为什么会有夏天和冬天的原因。因为地球是倾斜着运转的，当我们生活的北半球倾斜向太阳时，这就是夏天，而南半球是冬天。如果南半球倾斜向太阳时，北半球就会是冬天。在南半球，如果到了夏天，倾斜的地球就会使南极在一段时间内一直面向太阳，这样南极就一直是白天，这个就是极昼。而到了冬天，南极会有一段时间看不到阳光，这个就是极夜。因为同样的原因，北极也会发生极昼和极夜。

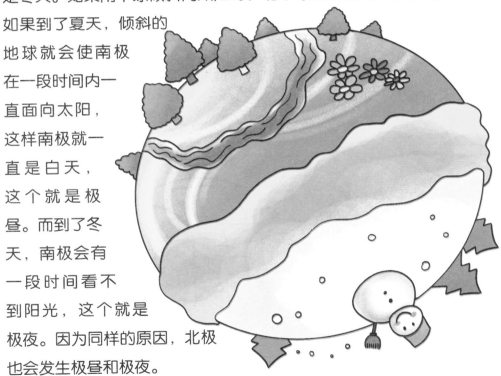

进入冬天后你会发现，白天太阳升起来得晚了，而星星出来的时间提前了。这是因为在冬天我们所处的地方就会略微背向太阳，受到太阳照射的时间也就变得短了，所以白天就变短了，而夜晚的时间就增加了，但是一天还是二十四小时，这个是不会变的。

14

　　在晴朗澄静的星空，有时会出现一道白光一闪即消失，当出现这个现象的时候，我们马上会脱口而出——流星！其实流星体并不是我们常见的普通星体，它是由尘埃、冰团和碎块等组成的。当它们闯入地球大气圈时，同大气摩擦燃烧产生光迹，这就是我们所见的"流星"。

　　流星出现的时间是无规律的，也许等很久也不见一颗。长久以来，人们总结出这样的规律，夜愈深所见流星愈多。一般地讲，下半夜所发现的流星比上半夜所发现的流星数目约多一倍。流星之所以被称为流星，是因为它的发光期限太短了，短的不过3～5秒，所以只有很亮的流星才会留下余迹，但是只有用仪器才能追赶上它。你可能不了解，那些流星体是环绕太阳运行的天体，可它们为什么会与地球大气相碰呢？这是因为它们在围绕太阳转圈时，经过地球附近后，受到地球引力的吸引，会接近地面，闯入大气与空气分子、原子碰撞受热气化，因而发出耀眼光芒。

# 黑洞

在无边无际的宇宙中，存在着这样一种天体，它的质量非常大，所占的区域却十分小，不过它却有非常大的引力。即使是光，一旦进入它的引力范围，也不能逃出来，于是它就被称为黑洞。黑洞是整个宇宙中最不可思议的天体之一，它具有很多其他天体所没有的性质，但是人们还没有确定自己是不是找到了黑洞，因为它太难发现了。

如果一颗恒星内部的温度降低了，那么它的引力就会把外围的物质拉回来，这样恒星的半径就变小了，逃逸的速度变大了，我们把这个现象称为恒星塌陷。如果这颗恒星半径一直收缩下去，那么它表面的逃逸速度也就一直变大，当逃逸速度比光速还要大的时候，光就不能从这个星体上跑出来，所以我们就看不见这个星体了，这个时候，我们就认为这样的星体是黑洞。

星际风暴

太阳不仅仅会向宇宙空间中释放光，它还会向外喷出大量的带电的小微粒，这些小微粒从太阳的外层出发，像狂风一样吹向宇宙，所以人们就把这些东西叫作太阳风。有些太阳风会吹向地球，它们大约需要五天就可以到达地在地球上搞出一些少见的现象，球，这些带电粒子经常也有可能对人类造成伤害。

太阳外面有一层被叫作日冕的部分，科学家们相信，大部分的太阳风都是从日冕发出来的，而这些速度很高的离子流却是在太阳内部产生的。太阳内部的温度非常高，因此就有一些离子获得足够的速度，逃脱了太阳引力，冲向了宇宙。

　　太阳风可以吹得很远，它们可以一直遨游到冥王星轨道外面，最后被阻止在一个叫作日圈的区域，阻止太阳风继续向宇宙扩散的是宇宙气体。我们也可以认为，日圈就是太阳系和宇宙空间的边界。

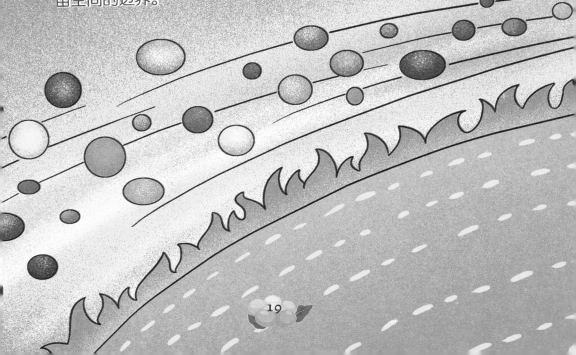

# 太阳上的黑斑

太阳上有一块特别的区域，它们看起来是黑色的，所以人们称它们为太阳黑子。在太阳上有一个叫作光球层的部分，我们平常看见的太阳就是光球层。光球层也在不断地变化，如果光球层上的一些区域的温度比较低，那么这个区域就会变暗，在地球上看来，这个区域就变黑了，这就是太阳黑子产生的原因。

太阳黑子的出现对地球上人们的生活有很大的影响，它影响我们的无线电通信、飞机、轮船和人造卫星的安全航行，也影响到地球上气候的变化，植物的生长，地震发生的次数。更有趣的是对我们的身体也会产生影响。观察黑子既可以用望远镜，也可以用肉眼观察，不信你可以用黑色玻璃试一试，就会有所发现的。

# 日冕

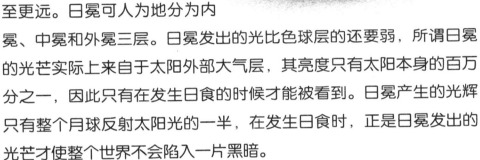

日冕是太阳大气的最外层，从色球边缘向外延伸到几个太阳半径处，甚至更远。日冕可人为地分为内冕、中冕和外冕三层。日冕发出的光比色球层的还要弱，所谓日冕的光芒实际上来自于太阳外部大气层，其亮度只有太阳本身的百万分之一，因此只有在发生日食的时候才能被看到。日冕产生的光辉只有整个月球反射太阳光的一半，在发生日食时，正是日冕发出的光芒才使整个世界不会陷入一片黑暗。

日冕还产生其他一些奇怪的谱线，但这并不意味着日冕中还存在什么未知元素。反之，这些谱线说明日冕中所含元素的原子中都含有不同数量的电子，而在高温条件下，某些电子将脱离原子的束缚。日冕并没有突出的边缘，而是不断延伸，逐渐与整个太阳系融为一体，并在延伸的过程中逐渐减弱，直至对行星的运动无法构成任何可观的影响为止。

# 超新星

有时候你会在夜晚的天空中发现一颗从来没有见过的明亮的星体，可是过了一段时间以后，这个星体又消失了，以前人们认为超新星是刚刚诞生的恒星，于是把这样的星体就称为新星，也叫作超新星。但是，经过天文学家的观测，人们发现，这些超新星并不是刚刚诞生的恒星，而是正在走向死亡的恒星。恒星慢慢

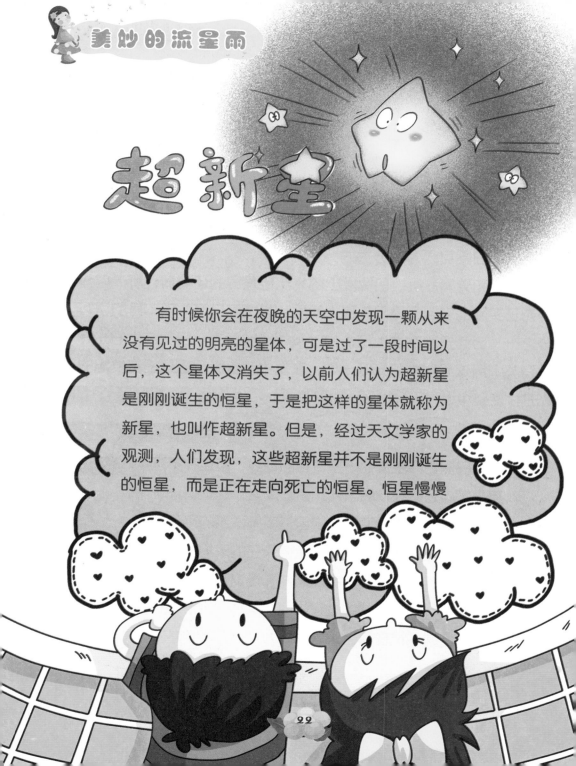

会成为红巨星，最终发生爆炸，最后只剩下星核。在恒星爆炸的时候，它的亮度会猛然增加，就成为超新星。

恒星在爆炸的时候，会释放出非常巨大的能量，在正常情况下，这些能量足够一颗年轻恒星释放几亿年，所以当恒星爆炸时，它会发出非常多的光。即使我们平时看不见这颗恒星，在它爆炸的时候，我们也能够看见它释放出来的如星系般明亮的光芒，这也是它辉煌的葬礼。恒星爆炸以后，它的外壳物质就会被抛撒到宇宙中，有可能成为其他星体的组成部分，但更大的可能是成为宇宙灰尘。

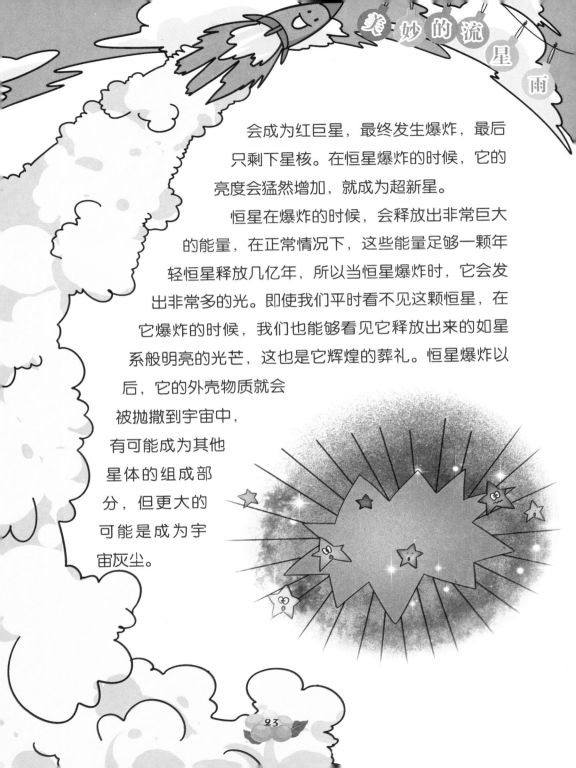

# 月亮从哪边升起？

月亮是夜空中最引人注目的天体，民间称其为月亮婆婆。在希腊神话中它是月神，与太阳神是孪生兄妹。谁都知道太阳是东升西落的，日复一日永没间断过，而月亮有时却不"上班"，而且有时圆，有时缺，有人可能还搞不清月亮是从哪个方向升起的。其实，月亮和太阳一样也是东升西落，但是只有在地球进入黑夜才能看见月亮，白

天哪怕月亮在你头顶上也很难看出来的。因为月亮没有太阳明亮，月亮出没的规律，是太阳、月亮、地球三者在运行中所处相对位置不同而产生的。在一个农历月中，月亮出没的时间以及它在天空中的位置每天都不同。如月初的峨眉月是黄昏在西方看到的，而月末则发现在东方。初三、初四的峨眉月，在上午九时从东方升起，晚上九时才在西方下沉，其间大部分是白昼。我们看不到它，而在黄昏后发现它时，它挂在西方，并逐渐下沉。所以有人认为初三、初四的峨眉月是从西方升起，而初七、初八的上弦月中午十二时从东方升起，半夜在西方下沉，所以人们在黄昏发现它时，它已经在南方并逐渐西沉，人们又以为它是从南方升起的。

# 没有水 的 水星

　　水星是离太阳最近的一颗行星，所以水星上的温度很高，在这样的高温下，液态水很难存在。水星的质量很小，所以它没有足够的引力，吸引不住气体，于是它表面的各种气体都会飘向宇宙空间。因为水星离太阳最近，所以水星受到太阳风的影响也很大，即便水星上有一些气体，也会被太阳风刮走。因此无论是液态水，还是水蒸气，都不太可能留在水星上，所以我们认为水星上没有水。

　　水星也在自转，所以也有白天和夜晚，但是水星自转的速度很慢，地球自转一周只需要一天，而水星却需要五十八天，而且水星还在绕着太阳转，所以水星上的一个昼夜的时间相当于地球上五个多月的时间，而水星绕着太阳转一圈只需要不到三个月时间，所以在水星上，一个昼夜就等于地球上的两年。

# 红色亮星——火星

火星又称"荧惑"，按离太阳由近及远的顺序为第四颗行星，肉眼看上去是一颗引人注目的火红色亮星，它正是因为自身火红的颜色而得名。火星缓慢地穿行在众恒星之中，因为火星比地球走得慢，因此从地球上看来，火星时而顺行，时而逆行。

在干燥的火星表面，遍地都是红色的土壤和岩石，科学家通过对其表面物质成分的分析得知，火星土壤中含有大量氧化铁，由于长期受紫外线的照射，铁就生成了一层红色和黄色的氧化物，于是这里就成了一个生锈的世界。

由于风沙的作用，火星表面到处是沙丘，还有类似河床的地形，这种河床地形在南半球及赤道附近分布，表明距今大约三十亿年前的火星上具有像现在地球上一样的河流，有"水"流动。

火星大气中的水分极少，倘若把火星上的冰全部融化成水，也只能在火星表面形成一个约十米深的大海，远不及地球上的汪洋大海。

# 最大的行星——木星

木星是太阳系中自转速度最快的行星，自转一周只需要不到十个小时的时间，也就是说地球上过了一天，木星上已经过去了两天多。木星是太阳系中最重的一颗行星，也是最大的一颗行星，它离太阳很远，而且公转速度也慢，所以它围绕太阳转一圈需要的时间足够地球围绕太阳转十二圈了，也就是说，木星上的一年相当于地球上的十二年。

木星有很多颗卫星，到目前为止，人类已经发现了至少十六颗较大的木星卫星，这些卫星大小也不一样，有的卫星和月亮差不多大，有的卫星却十分小，而木卫三和水星差不多一样大，大一点的卫星和其他行星的卫星一样，都遭受过陨石猛烈的攻击，表面上到处都是陨石坑。

木星也有光环，它的光环可能是由尘埃组成的，因为木星的光环不像土星的光环那样明亮，所以我们在地球上看不见木星的光环。

# 最美的行星——土星

如果你看到过土星的照片，你就会发现，在土星的周围有一个明亮的光环，这个光环是真实存在的。这个光环是由大大小小的岩石和冰块组成，它们也反射出不同颜色的光，所以我们看到土星光环不是单一颜色的。科学家们猜测，这些光环本来是土星的一个卫星，但是因为某些原因，比如被陨石或者彗星撞得粉碎，最后散布在土星的周围，形成了美丽的光环。

土星像地球一样侧着身子绕太阳转动，当土星运转到一些特定位置的时候，它的光环反射回来的光线就非常少，于是我们就观察不到来自土星光环的光线。另外，土星离地球很远，而它的光环却很窄，所以我们就更不容易观察到土星光环了，于是，我们就以为土星的光环消失了。

土星的密度是太阳系中最小的，甚至比水还小，如果把土星放到一个足够大的海洋里，那么土星就会漂浮在海面上，不会沉到海底去。

# 最亮的行星——金星

在中国古代，金星被称之为太白或太白金星。它有时是晨星，黎明前出现在东方天空，被称为"启明"；有时是昏星，黄昏后出现在西方天空，被称为"长庚"。金星是夜空中最亮的星之一，犹如一颗耀眼的明珠高悬天宇。

金星是太阳系中唯一逆向自转的大行星，所以，从金星上看太阳，自然是西升东落，在金星上，"太阳从西边出来"可是绝对的真理。

金星像月球一样会出现周期性的圆缺变化，这是由于金星和地球在围绕太阳运动，它们之间的相

对位置在不断变化，因此从地球上看到的金星被太阳照亮的部分就会产生变化，这就叫作相变化。

　　金星表面保存着又厚又密的大气层，就像一条厚厚的"棉被"，太阳的能量一射进"被里"，就再也散发不出来，金星表面也就变得越来越高，所以金星是八大行星中最热的一个。

# 躺着旋转的行星

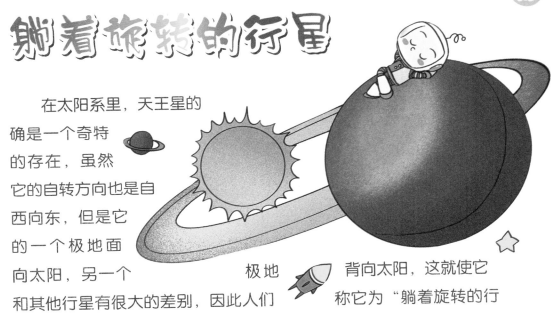

极地

在太阳系里，天王星的确是一个奇特的存在，虽然它的自转方向也是自西向东，但是它的一个极地面向太阳，另一个背向太阳，这就使它和其他行星有很大的差别，因此人们称它为"躺着旋转的行星"。天王星绕太阳一圈需要相当于八十四年的时间，因为它那奇特的旋转方式，天王星上一个昼夜的时间也相当于地球上八十四年的时间，也就是说，天王星上的一些地方要被太阳照射四十二年，然后就进入长达四十二年的黑夜。

天王星上也有季节的变化，因为天王星的白天和黑夜都十分漫长，所以它的季节和昼夜是对应的，在天王星上，哪里是白天，哪里就是夏天，而哪里是黑夜，哪里就是冬天，这也就是说，天王星上的夏天和冬天都要持续几十年的时间。

# 海王星

海王星是离太阳最远的大行星，它的温度很低，所以它上面的物质几乎都是固体。在海王星的大气中存在一种叫作甲烷的气体，甲烷可以吸收来自太阳的光，但是它只吸收红色的光，蓝色光就被反射到宇宙中，所以我们看到的海王星就是蓝色的。海王星大气中含量最多的是氢气，其次才是氦气和甲烷，这些气体还会形成强烈的风暴，而这些风暴比地球上的台风还要强。

海王星上的风暴能量并不是来自于太阳，海王星的自转需要大约十七个小时，但是海王星表面的大气围绕它转一圈需要二十多个小时，就是因为这个原因，海王星上不断形成风暴，而且风暴都十分剧烈。

# 彗星

　　彗星是由冰和岩石组成的，当它们靠近太阳的时候，太阳风就会把彗星表面的一些物质刮起来，这些物质就会飘向彗星后面的宇宙空间中去，所以我们看到了彗星的尾巴。彗星的尾巴也是为了能受到太阳风的影响而形成的，虽然这些物质也有可能飘向太阳，但是数量却非常少，难以被人们看见，所以我们看见的彗星尾巴一般都是背向着太阳的。

　　彗星的尾巴非常大，虽然它的尾巴非常稀薄，但是因为彗星的质量本来就小，所以彗星每接近太阳一次，质量就会减少一部分，最后就会只剩下石头核，或者干脆碎裂成小陨石团。这些小陨石团如果进入地球大气，就会形成壮观的流星雨。

# 最小的行星
## ——冥王星

在冥王星刚刚被发现的时候，人们误以为它比地球还要大，所以就认为冥王星是大行星，但是随着更精确地观测，人们发现冥王星并不是我们想象的那样，它甚至比月亮还要小得多，而且它的轨道也和其他的大行星有很大的差别。后来人们又发现了另外两颗与冥王星很像的行星，于是天文学家们认为：冥王星和其他两颗行星不是大行星，它们只是矮行星。

现在太阳系有四颗矮行星，它们是冥王星、卡戎星、齐娜星和谷神星。这些行星的质量都比较小，但是它们都在围绕太阳旋转，而且轨道近似于圆形，所以天文学家们把它们叫作矮行星。在冥王星的轨道上，还有一些小行星，这些小行星没有成为冥王星的卫星，也在绕着太阳旋转，这也是它被看作是矮行星的证据。

# 行星凌日

有时候，我们会看到一种奇怪的天文现象：太阳的表面有一颗黑点经过，那个黑点一般不是陨石，而是水星或者金星。当水星或者金星处在太阳和地球之间，在地球上看去，太阳表面就有一些黑色的半点飘过，这就是行星凌日现象。在地球上，我们只能看到水星和金星凌日，看不见其他行星凌日。发生凌日的时候，如果太阳光十分耀眼，那么观测就十分困难，所以在过去，人们很难仔细观测行星凌日现象。

水星绕日旋转的周期非常短，所以水星凌日发生的比较频繁，大约每隔十几年就会发生一次水星凌日现象。金星离太阳很远，它绕太阳运行一圈就需要比较多的时间，所以金星凌日现象每隔一百多年才会发生两次，这两次的间隔是四年。

# 宇宙为什么是黑的？

在晚上，当我们看着星空的时候，会发现一颗恒星到另外一颗恒星之间是黑漆漆的一片空间，这并不是说这里没有可见光，而是因为这里的可见光没有传播到你的眼睛里，所以这里看起来是黑的。

恒星都可以释放出电磁辐射来，这些辐射一般会含有可见光，所以在星体密布的空间里，我们时时刻刻都可以感觉到来自不同恒星的光芒，天体发出的光从自身射向四面八方，但是这些光只有照射到我们身上时，我们的眼睛才能够感觉到光，而那些没有光源的地方就是漆黑的一片。

# 宇宙是从哪里来的?

天文学家认为，星系都是由一团团巨大的气尘凝聚而成的，这些气尘最后大都成为一些天体的一部分，但是在特殊形状的星系中，一些处于边缘的气尘就有可能无法形成星星，最后成为宇宙尘。宇宙中最重要的两种元素就是氢和氦，氦原子一般不会结合在一起，而两个氢原子会结合成一个氢分子，氦原子和氢分子是恒星间星际气体的主要成分。

宇宙尘的数量要比星际气体少很多，它们也是由粒子组成的，这些粒子还含有除了氢和氦以外的其他原子，比如氧。科学家们发现，绝大部分的宇宙尘都是由氢和氧组成的，有一些宇宙尘也含有更复杂的元素。另外，一些恒星在消亡的时候，也会散发出大量的物质，这些物质最终也成为宇宙尘。

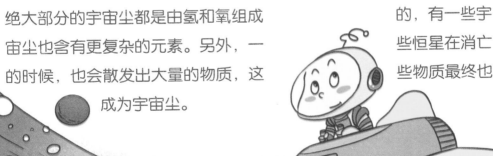

# 宇宙的年龄与大小

如果你们细心一点的话，就会发现宇宙的年龄是在不断"改变"的，这不是宇宙本身的问题，而是人类在改进自己对宇宙的认识后才做出的改正。现在人们主要通过测量一个叫作哈伯常数的物理量来计算宇宙的年龄，哈伯常数测量得越准确，我们所得到的宇宙的年龄也就越准确，现在人们得到的宇宙的年龄大约为一百四十亿年，比以前人们计算的宇宙年龄大得多。

现在的科学家认为，光速是宇宙中最快的速度，我们设想在宇宙爆炸的时候，有一些光最先从宇宙中跑出来，然后一直不停地向外跑，如果我们认为这些光就代表着宇宙边缘的话，那么宇宙最大的半径就等于宇宙的年龄与光速的乘积，这些光大约已经跑了一百五十亿年了。

# 为什么有永不升起和永不落下的星星？

我们都知道，太阳有升有落，许多星星也和太阳一样有升有落。但是并不是所有的星星都有这种变化。在我们看来，有些星星永不升起，有些星星永不落下。我们常见的北斗星，围绕着北极星运转，它们无论如何都不会落到地平线以下；而在南天最亮的老人星，却隐藏在地平线以下，在天空中根本发现不了它的踪影。如何解释这种现象呢？

我们的地球是一个球体，它的一半在地平面以下，另一半在地平面以上。我们可以把星空想象成一个硕大无比的天球，它的一半罩在地平面以上，另一半处在地平面以下。这样就很好理解，在地球北半球的观察者看来，所有的星星都好像围绕着天球的北极转动，而在南半球的观察者，看到的星星又围绕着天球的南极转动，这就是为什么有永不升起和永不落下的星星了。

# 为什么说恒星是"长明的天灯"？

在无数的明星中，除了少数行星外，都是自己会发光且位置相对稳定的恒星。它们像长明灯，万年不熄。太阳是距我们最近的一颗恒星。其他恒星离我们都非常遥远，最近的比邻星也在四光年以外。如果把它们拉到太阳的位置上，那么我们就能看到无数个太阳了。古代人以为恒星的相对位置是不会变动的。其实，恒星不但自转，而且都以各自的速度在宇宙中飞奔，速度比宇宙飞船还快，只是因为距离太遥远，人们不易察觉而已。

恒星发光的强度各不相同，即使是发光强度大体相同的星星，由于与我们的距离有远有近，亮度也不同。

恒星是宇宙中最基本的成员。对于任何单个的恒星来说，它既有产生的一天，也有衰老的一天。但一批恒星"死"去了，又会有一批新的恒星诞生。所以，宇宙中永远存在着无数个"太阳"。

# 有相随相伴的双星吗？

　　月亮绕着地球旋转，地球绕着太阳旋转，都是因为彼此之间有万有引力的作用。恒星之间也存在引力，这使得有些靠得比较近的恒星互相绕转。被引力系在一起、互相绕转的两颗星就叫物理双星。

　　有些物理双星凭目测就能发现，有些必须借助精密仪器，通过细致分析才能发现。前者叫目视双星，后者叫分光双星。双星中较亮的一颗叫主星，另一颗叫伴星。双星之间的搭配是五花八门，有的主星比伴星重，有的伴星比主星重；有的主星是爆发变星，有的是脉动变星；有的是其他变星：白矮星、中子星、红巨星，甚至是黑洞。双星的结构，引起许多天文学家的兴趣，也为我们揭示了恒星世界的一些奥秘。部分双星为我们提供了测定恒星的大小、形状、密度、质量、距离的便利条件，并为研究恒星及各种恒星集团的起源、演化问题开拓了新的天地。

45

# 壮年恒星是什么样子？

　　主序星是处于壮年期的恒星。现在的太阳就在主序星阶段，年龄已有五十亿岁了。

　　从幼年期开始，恒星就在引力的作用下不断收缩。当中心温度达到七百万度时，恒星内部最丰富的元素——氢聚变成氦的热核反应开始了。热核反应造成的滚滚热浪产生了巨大的向外的压力，与向内的恒星引力相抗衡，促使星球停止收缩。星球内部的熊熊烈火烧透球壳，整个星球便成为一个大火球。这时的恒星可以长期处于稳定状态，称为主星序。当大小将由恒星演化为主序星时，它的亮度恒星的质量所决定。质量为太阳几倍的恒星，将成为白星或者黄白星；质量与太阳差不多的恒星便成为亮度和表面温度与太阳相仿的黄矮星；而质量小于太阳的恒星则成为亮度很小，表面温度很低的红矮星。

昙花一现的超新星

超新星的爆发现象好像太空中的"昙花一现"。在秩序井然的星座间，有时会突然出现一颗异常明亮的外来客，甚至在白天也能看到。但是好景不长，不过几个月，它又渐渐暗了下来，最终黯然离去。我国曾经形象地称之为客星。超新星并不是新出生的星，恰恰是的恒星的"葬礼"。一部引力非常强，当内部

濒临死亡些质量大的恒星，内燃料耗尽燃烧停止的时候，星球不是慢慢地收缩，而是突然地坍缩，导致地壳发生爆炸。剧烈的爆发犹如一颗超级原子弹爆炸一样，恒星向外放射出极大的能量，闪耀出异常明亮的光芒。于是，一颗本来很暗或者根本看不见的恒星，亮度会迅速提高，成为一颗亮星，这就是超新星。

# 行星的卫士

月亮是地球的卫星，它像忠实的"卫士"，始终围绕着地球旋转。它自身不会发光，明亮的月光是月球反射太阳光的结果。在太阳系中，有好几颗行星都有自己的"卫士"，而且有些行星不止一个"卫士"。有一些较大的小行星也有自己的"卫士"。它们统称为卫星。

许多卫星和行星很相似，它们的运动轨道具有共面性、近圆性、同向性，并且与它们守卫的行星距离按一定的规律分布着，这样的卫星称为规则卫星。不具有这些性质的卫星，称为不规则卫星。卫星绕行星转动有两种方式，一种是和行星绕太阳转动的方向一致，称为顺行；一种是和行星绕太阳转动的方向相反，称为逆行。除了公转以外，卫星本身还有自转。从卫星的多种多样的性质里可以看出，卫星形成的方式也是多样性的。这个问题和太阳系的起源问题一样，到现在为止还没有定论。

# 拖着尾巴的彗星

彗星的形状很特别，头部尖尖的，尾部常常是散开的。在科学不发达的年代里，人们常常把它们和天灾人祸联系起来，认为它是灾难的前兆，因此有人称它为"妖星"。

其实彗星也和地球一样，是太阳系的成员之一。许多彗星都沿着扁长的轨道绕着太阳运行，人们可以精确地预言它们露面的时间。著名的哈雷彗星每隔七十六年在地球上空出现一次，所以彗星的出现与天灾人祸一点关系都没有。"发育"完全的彗星是由彗

49

核、彗发和彗尾三部分组成。彗核是彗星的主要部分，它集中了彗星的大部分质量；在彗核的外面包裹着一层像云雾一样的东西，称为"彗发"。这是当彗星比较靠近太阳时，在阳光的作用下，由彗核中蒸发出来的气体和微尘组成的。彗核和彗发合称"彗头"。当彗星更接近太阳时，彗发变大，并在太阳风和太阳光的压力下，彗发中的气体和微尘被推向后方，形成一条长长的尾巴，这条"尾巴"就叫"彗尾"。因为彗尾总是背向着太阳的，所以彗星离太阳越近，彗尾就越长。

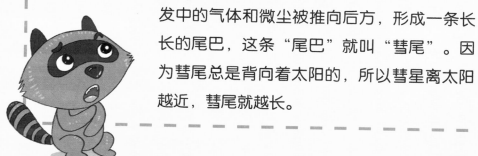

# 从天而降的流星

　　流星是行星际空间的尘粒和固体块闯入地球大气圈同大气摩擦燃烧产生的光迹。若它们在大气中未燃烧尽，落到地面后就称为"陨星"或"陨石"。流星体原是围绕太阳运动的，在经过地球附近时，受地球引力的作用，改变轨道，从而进入地球大气圈。流星有单个流星、火流星、流星雨几种。单个流星的出现时间和方向没有什么规律，又叫偶发流星。火流星也属偶发流星，只是它出现时非常明亮，像条火龙且可能伴有爆炸声，有的甚至白昼可见。一般的流星体，密度都极低，大约是水密度的二十分之一。每天都会有数十亿、上百亿流星体进入地球大气，它们总质量可达二十吨。

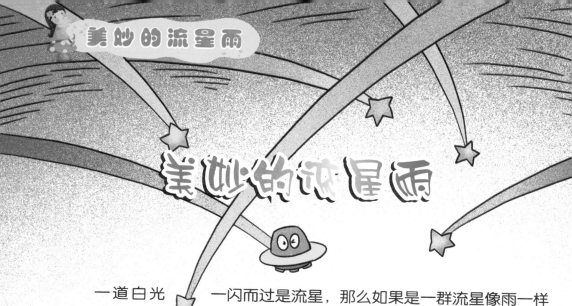

美妙的流星雨

一道白光一闪而过是流星，那么如果是一群流星像雨一样漫天而来呢？这就是流星雨了。这种现象在下半夜的时候出现比较多。流星雨爆发时，从地面上来看，这些流星好像是从一个天球区域或者一点来的，这个天区或者点就叫作流星雨的辐射点。当流星雨现象发生时，可以看到它们是从星空某一辐射点向外发射的。其实流星雨在天空的轨道是互相平行的，我们之所以认为它们的路径汇聚在一个辐射点，完全是透视的效果，就和透过云层的夕阳光辉呈辐射状的道理完全是一样的。最大的流星雨是美国波士顿居民看到的狮子座。狮子座流星雨是历史上最罕见、最壮观的周期流星雨之一，这些流星是一颗彗星带来的。当流星雨发生的时候，暗淡的星空中不断有明亮的流星划过，留下一道美丽的轨迹。

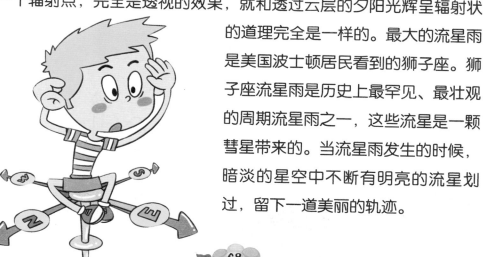

# 春夜第一亮星

　　大角星是北斗一颗著名的亮星，位于牧夫星座内。春天的夜晚，我们顺着北斗七星的斗柄曲线，向东南方向延伸下去，在大约与斗柄的长度相等的地方，就能找到它。西方称大角星为"亚克多罗斯"，意思是"熊的守护者"。这可能是由于它离大熊座较近，总是跟在这只"大熊"后面而得名。大角星属于一等亮星，它的亮度为全天第四，由于第二、三号亮星都偏于地球南极一方，因此对我们绝大多数观测者来说，最亮的星——天狼星消失后，大角星就是天空中的头号亮星。在所有最亮的、肉眼可以观察到的恒星中，大角星的运行速度是最快的。它与我们地球之间的距离比较近，仔细观测可以看出它在天球上的移动。大角星作为定方向、主季节的星，受到历代人们的重视。

# 潮汐的形成

凡是到过海边的人，都会看到海水有一种周期性的涨落现象：到了一定时间，海水推波助澜，迅猛上涨，达到高潮；过了一段时间，上涨的海水又自行退去，留下一片沙滩，出现低潮。如此循环重复，永不停息。海水的这种运动现象就是潮汐。

潮汐是因地而异的，不同的地区常有不同的潮汐系统，虽然它们都是从深海潮波获取能量，但具有各自独有的特征。月球引力和离心力的合力是引起海水涨落的引潮力。地潮、海潮和气潮的原动力都是日、月对地球各处引力不同而引

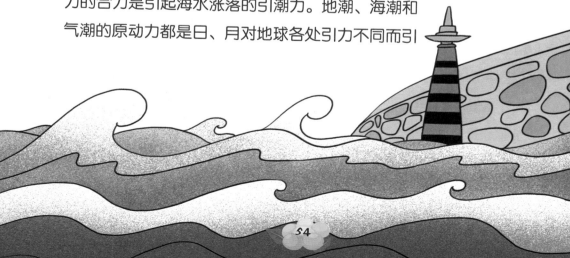

起的，三者之间互有影响。因月球距地球比太阳近，对海洋而言，月亮潮比太阳潮明显。大洋底部地壳的弹性——塑性潮汐形变，会引起相应的海潮，即对海潮来说，存在着地潮效应的影响；而海潮引起的海水质量的迁移，改变着地壳所承受的负重，使地壳发生可复的变曲。气潮在海潮之上，它作用于海面上引起其附加的振动，使海潮的变化更趋复杂。

星团是指恒星数目超过十颗以且相互之间存在物理团。由十几颗到几千散，形状不规则的星团称道面，因此又叫作银河星团。上万颗到几十万颗恒星组成，整体像圆形，中心密集的星团称为球状星团。

上，并联系的恒星集颗恒星组成的，结构松为疏散星团，它们主要分布在银

不同的星团形成于不同的时代，经历了不同的演化过程，而且组成星团的恒星也各有特点，并且有的恒星也会因为某种原因脱离星团集体而单独行动，也会有一些外来的天体会突然闯入星团。星团的命名，一般采用相应的星表中的号码，这些星表中不仅仅包括星团，还有星云和星系。

# 会眨眼的星星

　　我们的眼睛能看到的星星绝大多数是恒星。它们都和太阳一样，自己发光发热。恒星的光看上去都会一闪一闪地跳动，就像一大群调皮的孩子在眨眼睛一样。你知道这是为什么吗？原来，恒星会"眨眼"是由于地球周围的大气造成的。地球周围的大气层很厚，各个地方的疏密程度不一样，越靠近地面的地方越稠密，越到高空越稀薄。另外，大气又不是静止不动的，热空气上升，冷空气下降，总有气流在流动，这就使得各个地方大气的疏密程度时时都在变化。光从一种物质传播到另一种密度不同的物质中的时候，它的传播方向会改变，

也就是说光走的路线会发生偏折，这种现象叫作光的折射。恒星发来的光穿过大气层的时候，由于不同高度的大气层密度不同，也会发生折射。同时，又由于各个地方大气的密度都在不断变化，这就使得星光偏折的方向不是一定的，而是在不断变化，一会儿左，一会儿右，一会儿前，一会儿后。这样，到达你眼睛的星光就会一会儿强，一会儿弱。你就觉得恒星的光忽明忽暗，成了一闪一闪的了。

# 没有空气的世界

我们生活的地球，被厚达三千千米的大气所包围着。地球上有了空气，白天我们才能看到蔚蓝色的天空，雪白的云朵和绚丽的朝霞；夜晚才能看到晶莹闪烁的群星。同时，有了空气，地球才能在这层外衣的保护下防御宇宙间有害射线的侵袭，地球上的生命才能够生存。然而，如果你乘坐宇宙飞船飞出地球，踏上离我们最近的天体——月球的时候，你会发现这是一个没有空气的世界。在这里，你要克服没有空气带来的种种困难，也可以欣赏到许多在地球上看不到的奇异景象。在月球上你会有哪些意想不到的遭遇呢？让我们先谈谈月球

上为什么没有空气。要知道，大气的存在是有条件的。如果天体上的气体分子运动的平均速度大于逃逸速度的五分之一，那么气体就会迅速飞散到宇宙空间去，天体上就不能保持大气。月球比地球小，直径大约是地球的四分之一；它的质量更小，只有地球的八十一分之一；较小的直径和质量，决定了月球的引力只有地球引力的六分之一；引力小，拉住月球表面物体的力量就小。因此，几乎所有的气体，包括氧气和水蒸气，都很容易从月球表面离开，跑到宇宙空间去，并且一去不复返了。

# 海市蜃楼

平静的海面、大江江面、湖面、雪原、沙漠或戈壁等地方，偶尔会在空中或"地下"出现高大楼台、城郭、树木等幻景，这种现象就称为海市蜃楼。我国山东蓬莱海面上常出现这种幻景，古人归因于蛟龙之属的蜃，吐气而成楼台城郭，因而得名。

海市蜃楼是一种光学幻景，是地球上物体反射的光经大气折射而形成的虚像。海市蜃楼简称蜃景，根据物理学原理，海市蜃楼是由于不同的空气层有不同的密度，而光在不同的密度的空气中又有着不同的折射率。也就是因海面上暖空气与高空中冷空气之间的密度不同，对光线折射而产生的。蜃景与地理位置、地球物理条件以及那些地方在特定时间的气象特点有密切联系。气温的反常分布是大多数蜃景形成的气象条件，其实一切都是大气捣的鬼。

# 千姿百态的闪电

闪电是云与云之间、云与地之间或者云体内各部位之间的强烈放电现象。最常见的闪电是线形闪电，它是一些非常明亮的白色、粉红色或淡蓝色的亮线，它很像地图上的一条分支很多的河流，又好像悬挂在天空中的一棵蜿蜒曲折、枝杈纵横的大树。除了线形闪电，另外还有球形闪电和链形闪电，这两种闪电都比较少见。

球形闪电多半在强雷雨的恶劣天气里才会出现。在线形闪电过后，天空突然出现一个火球，火球沿着弯曲的路径在天空飘游，有时也可能停止不动，悬在空中。这种火球喜欢钻洞，有时会从烟囱、窗户、门缝等窜入屋

内，然后再溜出屋去。比起球形闪电，链形闪电的踪迹更难寻觅。目前，人们只知道它也是出现在线形闪电之后，与线形闪电出现在同一路径上，它像一排发光的链球挂在天空，在云层的衬托下好像一条虚线在云幕上慢慢滑行。

闪电对人类活动影响很大，尤其是建筑物、输电线网等遭其袭击，可能造成严重损失。保护建筑物免受闪电袭击的最切实可行的办法是安装避闪器、避雷针，把闪电中的电引向地面事先选好的安全区。

# 地震

地震是地球内部发生的急剧破裂产生的震波，在一定范围内引起地面振动的现象。地震发生时，最基本的现象是地面的连续振动，主要特征是明显的晃动。地震所引起的地面振动是一种复杂的运动，它是由纵波和横波共同作用的结果。在震中区，纵波使地面上下颠动。横波使地面水平晃动。由于纵波传播速度较快，衰减也较快，横波传播速度较慢，

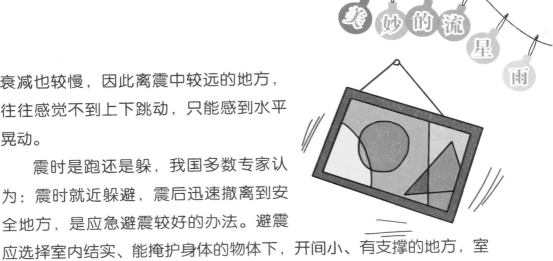

衰减也较慢，因此离震中较远的地方，往往感觉不到上下跳动，只能感到水平晃动。

震时是跑还是躲，我国多数专家认为：震时就近躲避，震后迅速撤离到安全地方，是应急避震较好的办法。避震应选择室内结实、能掩护身体的物体下，开间小、有支撑的地方，室外开阔、安全的地方。身体应采取的姿势：伏而待定，蹲下或坐下，尽量蜷曲身体，降低身体重心，躲在大件坚固的物体旁边，这样，当房顶掉下来时与地面、大件物就形成一个三角安全区。记住，不要随便点明火，因为空气中可能有易燃易爆气体。

# 太阳辐射

太阳辐射是指太阳向宇宙空间发射的电磁波和粒子流。地球所接受到的太阳辐射能量仅为太阳向宇宙空间放射的总辐射能量的二十亿分之一，但却是地球大气运动的主要能量源泉。

太阳辐射通过大气，一部分到达地面，称为直接太阳辐射；另一部分为大气的分子、大气中的微尘、水汽等吸收、散射和反射。被散射的太阳辐射一部分返回宇宙空间，另一部分到达地面，到达地面的这部分称为散射太阳辐射。到达地面的

散射太阳辐射和直接太阳辐射之和称为总辐射。太阳辐射通过大气后，其强度和光谱能量分布都发生变化。到达地面的太阳辐射能量比大气上界小得多，在太阳光谱上能量分布在紫外光谱区几乎绝迹。到达地表的全球年辐射总量的分布基本上成带状，只有在低纬度地区受到破坏。在赤道地区，由于多云，年辐射总量并不是最高。在南北半球的副热带高压带，特别是在大陆荒漠地区，年辐射总量较大，最大值在非洲东北部。

# 太阳辐射能量作用

到达地球上的太阳辐射能量只有很小的一部分，但它的作用却是相当大的。

其一，对地理环境的影响。直接的作用如岩石受到温度的变化影响而产生风化。间接作用，地球上的大气、水、生物是地理环境要素，它们本身的发展变化以及各要素之间的相互联系，大部分是在太阳的驱动过程中完成的。地球表面划分为五带。为什么要划分五带呢?因为地球表面各个地方的纬度不同，不同纬度地带获得的太阳热量是不一样的。

其二，太阳辐射为我们的生产和生活提供能量。人们对太阳辐射作用最直接的感受来自于它是人们生产和生活的主要能源。如植物的生长需要光和热，晾晒衣服需要阳光，工业上大量使用的煤、石油等化石燃料是太阳能转化来的，被称为"储存起来的太阳能"。还有太阳灶、太阳能热水器、太阳能干燥器、太阳房、太阳能发电、太阳能电池等。

# 酸雨

　　酸雨的成因是一种复杂的大气化学和大气物理的现象。酸雨中含有多种无机酸和有机酸，绝大部分是硫酸和硝酸。工业生产、民用生活燃烧煤炭排放出来的二氧化硫，燃烧石油以及汽车尾气排放出来的氮氧化物，经过"云内成雨过程"，即水汽凝结在硫酸根、硝酸根等凝结核上，发生液相氧化反应，形成硫酸雨滴和硝酸雨滴；又经过"云

下冲刷过程"，即含酸雨滴在下降过程中不断合并吸附、冲刷其他含酸雨滴和含酸气体，形成较大雨滴，最后降落在地面上，形成了酸雨。

弱酸性降水可溶解地面中的矿物质，供植物吸收。如酸度过高，就会产生严重危害。它可以直接使大片森林死亡，农作物枯萎；也会抑制土壤中有机物的分解和氮的固定，淋洗与土壤离子结合的钙、镁、钾等营养元素，使土壤贫瘠化；还可使湖泊、河流酸化，并溶解土壤和水底泥中的重金属，进入水中则毒害鱼类；加速建筑物和文物古迹的腐蚀和风化过程；可能危及人体健康。

# 高原 风暴

太阳光球层上有一些比周围更明亮的斑状组织。用天文望远镜对它观测时，常常可以发现：在光球层的表面，有的部位明亮，有的阴暗。这种明暗斑点是由于这里的温度高低不同而形成的，比较深暗的斑点叫作"太阳黑子"，比较明亮的斑点叫作"光斑"。光斑常在太阳表面的边缘"表演"，却很少在太阳表面的中心区露面。因为太阳表面中心区的辐射属于光球层的较深气层，而边缘的光主要来源光球层较高部位，所以，光斑比太阳表面高些，可以算得上是光球层上的"高

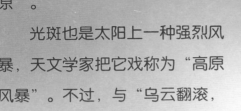

原"。

光斑也是太阳上一种强烈风暴，天文学家把它戏称为"高原风暴"。不过，与"乌云翻滚，大雨滂沱，狂风卷地百草折"的地面风暴相比，"高原风暴"的性格要温和得多。光斑的亮度只比宁静光球层略大一些，温度比宁静光球层要高。许多光斑与太阳黑子还结下不解之缘，常常环绕在太阳黑子周围"表演"。少部分光斑与太阳黑子无关，活跃在高纬度区域，面积比较小，光斑平均寿命约为十五天，较大的光斑寿命可达三个月。

# 大气环流

　　大气环流是大气大范围运动的状态。某一大范围的地区，某一大气层次在一个长时期的大气运动的平均状态或某一个时段的大气运动的变化过程都可以称为大气环流。

　　大气环流是完成地球大气系统动量、热量和水分的输送和平衡，以及各种能量间的相互转换的重要机制，又同时是这些物理量输送、平衡和转换的重要结果。因此，研究大气环流的特征及其形成、维持、变化和作用，掌握其演变规律，不仅是人类认识自然的不可少的重要组成部分，而且还将有利于改进和提高天气预报的准确率，有利于探索全球气候变化，以及更有效地利用气候资源。

形成大气环流的主要因素有四点：一是太阳辐射，这是地球上大气运动能量的来源，由于地球的自转和公转，地球表面接受太阳辐射能量是不均匀的。热带地区多，而极地少，从而形成大气的热力环流。二是地球自转，在地球表面运动的大气都会受地转偏向力作用而发生偏转。三是地球表面海陆分布不均匀。四是大气内部南北之间热量、动量的相互交换。

# 光污染及其危害

光污染是继废气、废水、废渣和噪声等污染之后的一种新的环境污染源，主要包括白亮污染、人工白昼污染和彩光污染。

在城市繁华的街道上，不少商店用大块镜面或铝合金装饰门面，有的甚至从楼顶到底层全部用镜面装潢，人们几乎置身于一个镜子的世界，而分辩不出方向，这就形成了白亮污染。白亮污染会伤害人们眼睛的角膜和虹膜，引起视力下降，增加白内障的发病率。

当夜幕降临后，大酒店、大商场上的广告牌、霓虹灯使人眼花缭乱，有的强光束甚至直冲云霄，使夜晚如同白昼一般，这就是人工白昼污染。人工白昼对人的身心健康也有不良影响。由于强光反射，可把附近的居室照得如同白昼，使人夜晚难以入睡，打乱了正常的生物节律，导致精神不振。

现代歌舞厅所安装的黑光灯、旋转活动灯、荧光灯以及闪烁的彩色光源则构成了彩光污染。彩光污染的强度大大高于阳光中的紫外线，人体如长期受到这种黑光灯照射，有可能诱发鼻出血、牙齿脱落、白内障，甚至导致白血病和其他癌症。

# 人造天体

在宇宙空间基本上按照天体力学规律运行的各种人造物体。天文学中将宇宙间的各种星体统称为天体，并将天体分为自然天体和人造天体两类。人造天体包括航天器和空间垃圾。空间垃圾包括废弃的航天器、运载火箭末级残体和碎片等。随着现代科技的不断发展，人类研制出了各种人造天体，这些人造天体和天然天体一样，也绕着行星（大部分是地球）运转。人造天体的概念可能始于1870年。第一颗被正式送入轨道的人造卫星是苏联1957年发射的人造卫星1号。从那时起，已有数千颗环绕地球卫星。人造卫星还被发射到环绕金星、火星和月亮的轨道上。人造天体用于科学研究，而且在近代通讯、天气预报、地球资源探测和军事侦察等方面已成为一种不可或缺的工具。

# 构成宇宙的基本要素

　　现代自然科学认为，宇宙构成有三个要素，物质、能量、信息。构成宇宙最基本要素是空间和物质，时间反映了物质运动的先后次序，它们是统一的，是不可分割的。假定有限大宇宙有一个物质的中心点发生运动，宇宙空间也就会跟着运动，如果宇宙空间不跟着运动，空间、物质、时间就不是统一的，就不存在宇宙。同样，宇宙空间在运动，中心点也会随之运动。我们从这一哲学思想得到一个宇宙的基本定律，

任何物质都有属于自己的空间，物质的运动会导致空间的运动，速度会随着空间的增大而减少，空间的运动也会影响物质的运动。只要存在物质，只要存在活动，就必定存在能量。组成宇宙的要素就是物质。组成物质就是原子，再往下还包括：原子核、电子、中子。再往下可分为"夸克"或"层子"。有了物质才有那些用来定义解释的维度，以及用来描述状态变化的能量等。

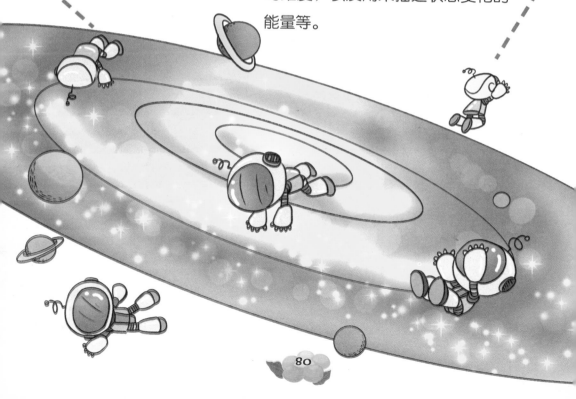

绿色的太阳

　　如果你运气好，可以观赏到"绿太阳"。七彩光轮相互重叠产生白光，但在太阳的上下边缘，光轮的颜色不混合，在太阳的上边缘呈蓝色和蓝绿色。这两种光穿过大气层时，会有不同的命运。蓝光受到强烈散射，几乎看不见，而绿光却可以自由地穿透大气。因此，你就可以看见绿色的太阳！看见绿太阳需要天时、地利、人和三个条件。

## 美妙的流星雨

天时：指日落时，太阳黄色光发生变化，并且在落山时鲜艳明亮。也就是说大气对光线吸收不大，而且是按比例进行的时候。

地利：指观测点适当。站在小丘上，远处地平线必须是清晰的，近处没有森林、建筑物的阻挡。如在大草原上。

人和：指观测者必须注意，在太阳未下到地平线时，不能正视太阳。当太阳差不多快要沉没，只留下一条光带时，你应目不转睛地注视太阳，享受"绿色太阳"的美妙的瞬间。它的神奇现身不会超过3秒钟，但给你留下的印象却是永生难忘的。

# 阻隔牛郎织女的 "天河"

晴朗的夜空，当你抬头仰望天空的时候，不仅能看到无数闪闪发光的星星，还能看到一条淡淡的纱巾似的光带跨越整个天空，好像天空中的一条大河。夏季成南北方向，冬季接近于东西方向，那就是银河。以前由于科学还不发达，不知道它究竟是什么，因此给它取了一个名称叫作天河，所以我国民间还流传着牛郎织女每年七夕在鹊桥相会等许多唯美的民间故事。

实际上，银河是银河系的一部分，银河系是太阳系所属的星系。因其主体部分投影在天球上的亮带被我国称为银河而得名。我们置身其内而侧视银河系时所看到的是它布满恒星的圆面。由于恒星发出的光离我们很远，数量又多，又与星际尘埃气体混合在一起，因此看起来就像一条烟雾笼罩着的光带，十分美丽。银河各部分的亮度是不一样的。靠近银心的半人马座方向比其他部分更亮一些。

# 五彩缤纷的极光

极光是多种多样、五彩缤纷、形状不一、绮丽无比的，在自然界中还没有哪种现象能与之相媲美。任何彩笔都很难绘出那在严寒的两极空气中嬉戏无常、变幻莫测的眩目之光。极光有时出现时间极短，犹如节日的焰火在空中闪现一下，就消失得无影无踪；有时却可以在苍穹之中辉映几个小时；有时像一条彩带，有时像一团火焰，有时像一张五光十色的巨大银幕；有的色彩纷纭，变幻无穷；有的仅呈银白色，犹如棉絮、白云，凝固不变；有的异常光亮，掩去星月的光辉；有的又十分清淡，恍若一束青丝；有的结构单一，状如一弯弧光，呈现淡绿、微红的色调；有的犹如彩绸或缎带抛向天空，上下飞舞翻动；有的软如纱巾，随风飘动，呈现出紫色、深红的色彩；有时极光出现在地平线上，犹如晨光曙色；有时极光如山茶吐艳，一片火红；有时极光密聚一起，犹如窗帘幔帐；有时它又射出许多光束，宛如孔雀开屏，蝶翼飞舞。

# 天空中的大螃蟹

　　蟹状星云位于金牛座，距离地球大约6500光年，大小约为12×7光年，亮度是8.5星等，肉眼看不见。对蟹状星云最早的记录出自英国的一个天文爱好者，法国天文学家梅西耶在制作著名的"星云星团表"时，把第一号的位置留给了蟹状星云。1892年美国天文学家拍下了蟹状星云的第一张照片，30年后天文学家在对比蟹状星云以往的照片时，发现它在不断扩张，速度高达1100千米/秒，于是人们便对蟹状星云的起源产生了兴趣。由于蟹状星云扩张的速度非常快，所以天文

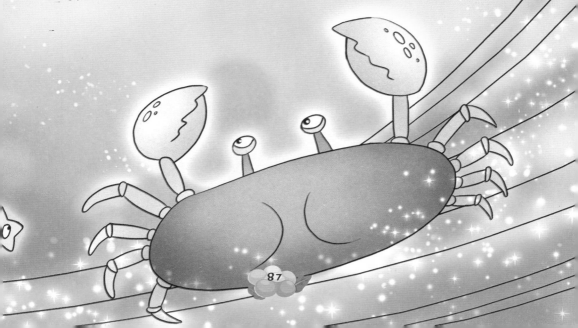

学家便根据这一速度反过来推算它形成的时间，结果得出一个结论：在900多年前，蟹状星云很可能只相当于一颗恒星的大小。因此，1928年美国天文学家哈勃首次把它与超新星拉上了关系，认为蟹状星云是公元1054年超新星爆发后留下的遗迹。在西方的史料中，没有找到相关的任何记录，但在中国的史料中，却找到了很多有关1054年曾有过超新星剧烈爆发的珍贵记录资料。

# 天空中的小矮人

白矮星属于演化到晚年期的恒星。恒星在演化后期，抛射出大量的物质，经过大量的质量损失后，如果剩下的核的质量小于1.44个太阳质量，这颗恒星便可能演化成为白矮星。对白矮星的形成也有人认为，白矮星的前身可能是行星状的中心星，它的核能已经基本耗尽，整个星体开始慢慢冷却、晶化，直至最后"死亡"。

　　白矮星也称为简并矮星，是由电子简并物质构成的小恒星。它们的密度极高，一颗质量与太阳相当的白矮星体积只有地球一半大小，微弱的光度则来自过去储存的热能。在太阳附近的区域内已知的恒星中大约有6%是白矮星。这种异常微弱的白矮星大约在1910年就被亨利·诺瑞斯·罗素、艾德华·查尔斯·皮克林和威廉·佛莱明等人注意到，白矮星的名字是威廉·鲁伊登在1922年取的。白矮星被认为是低质量恒星演化阶段的最终产物，在我们所属的星系内97%的恒星都属于这一类。

# 空中七姐妹

昂宿星团，又称七姐妹星团，是离我们最近也是最亮的几个疏散星团之一，同时也是最有名的星团之一。运转中的月球从昂星团表面经过，遮盖住了人们观测昂星团的视线，被称为"月掩"。当月球经过昂星团时，我们就会看到昂星团里的成员星接二连三地消失或出现，景象颇为壮观。月掩昂星团在晴朗的夜空单用肉眼就可以看到，以家用的双筒望远镜观赏即可。昂星团形成斗状，成员星数在200个以上，是一个很年轻的星团，其年龄约5000万年。昂星团也是一个移动星团。中国古代把其中的亮星列为昂宿。有关的传说和神话很多，也被称为"七姐妹星团"。一般肉眼能看到 6 颗星，眼力好的话能看到更多，因此它能用来检验你视力好坏或者天气晴朗情况。

# 空中的 猎户

在冬夜星空中，我们很容易找到由一些明亮的星星构成的看似一个人的形象的星座，那就是猎户座。它是天空中最美丽的星座之一。在二月的晚上七八点钟，"猎户"正在南方天空，它中间直线横排着三颗星，是猎户的腰带，下面的几颗小星星是它的佩剑。我们知道秋季时，往往秋雨绵绵，天气忽冷忽热，捉摸不定，而秋季的大海更是狂风暴雨，变幻莫测的。可是，猎户座恰恰是在秋季开始升到地平线上来的。其实，猎户座从来都挂在天上，只不过因为地球、月球、太阳的不断运动，它在白天出现时，我们看不到它而已。而当我们能看到它时，却正好是秋季刚刚开始的时候。然而农民们都非常喜欢它，因为天亮前猎户座从东方地平线下探出头来，正是在告诉农民们该收获了。

# 天文奇观——日月并升

"日月并升"有四种扑朔迷离的景象令人称奇叫绝：其一，当太阳初出海面时，月亮随即跳出，并入日心；其二，旭日升腾出海面不久，月亮呈灰暗色围绕着太阳频频跳跃，太阳被月亮遮住的部分光色暗淡，未被遮住的部分呈月牙状，并闪烁着金黄色的光彩；其三，太阳和月亮重叠为一体，同出海面时，太阳外围现出血牙红或青蓝色的光环；其四，月亮在上，太阳在下，像小伙子追赶姑娘一样紧随不舍地跃出海面，犹如一幅美丽的朝阳托月图。"日月并升"的奇观短则5分钟，长则持续半小时，一般为15分钟。

天文学家认为：在背山面海的地方，没有任何物体遮挡，而在山峰与水天相接处，基本上保持平射角度。由于天文因素，太阳到了农历十月初一便会浮到东南向，而这天正好月球移到太阳旁边，因而形成"日月同升"的现象。有些气象学家则认为："日月同升"是一种"地面闪烁"现象，是由于当时近地面大气密度的急剧变化引起的。

# 气象卫星

　　气象卫星实质上是一个高悬在太空的自动化高级气象站，是空间、遥感、计算机、通信和控制等高技术相结合的产物。由于轨道的不同，可分为两大类，即：太阳同步极地轨道气象卫星和地球同步气象卫星。前者由于卫星是逆地球自转方向与太阳同步，称作太阳同步轨道气象卫星；后者是与地球保持同步运行，相对于地球是不动的，称作静止轨道气象卫星，又称地球同步轨道气象卫星。在气象预测过程中非常重要的卫星云图的拍摄也有两种形式：一种是借助于地球上物体对太阳光的反向程度而拍摄的可见光云图，只限于白天工作；另一种是借助地球表面物体温度和大气层温度辐射的程度，形成红外云图，可以全天候工作。气象卫星还具有以下特点： 1. 轨道（低和高轨两种）。2. 短周期重复观测。3. 成像面积大，有利于获得宏观同步信息，减少数据处理容量。4. 资料来源连续实时性强成本低。

# 导航卫星

导航卫星是从卫星上连续发射无线电信号，为地面、海洋、空中和空间用户导航定位的人造地球卫星。导航卫星装有专用的无线电导航设备，用户接收导航卫星发来的无线电导航信号，通过时间测距或多普勒测速分别获得用户相对于卫星的距离或距离变化率等导航参数，并根据卫星发送的时间、轨道参数，求出在定位瞬间卫星的实时位置坐标，从而定出用户的地理位置坐标（二维或三维坐标）和速度矢量分量。由数颗导航卫星构成

导航卫星网（导航星座），具有全球和近地空间的立体覆盖能力，实现全球无线电导航。导航卫星按是否接收用户信号分为主动式导航卫星和被动式导航卫星；按导航方法分为多普勒测速导航卫星和时差测距导航卫星；按轨道分为低轨道导航卫星、中高轨道导航卫星、地球同步轨道导航卫星。

# 人类的"空中驿站"

　　空间站：又称航天站、太空站、轨道站，是一种在近地轨道长时间运行，可供多名航天员巡访、长期工作和生活的载人航天器。空间站分为单一式和组合式两种。单一式空间站可由航天运载器一次发射入轨，组合式空间站则由航天运载器分批将组件送入轨道，在太空组

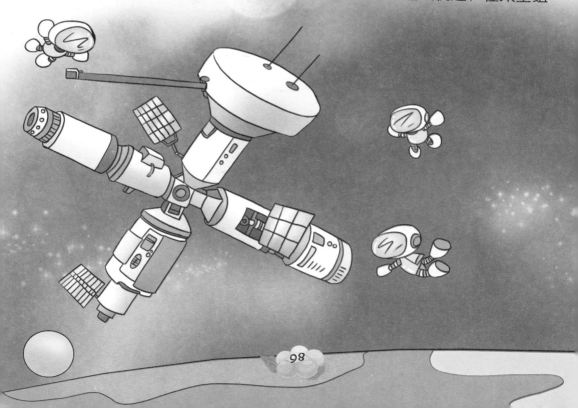

装而成。小型的空间站可一次发射完成，较大型的可分批发射组件，在太空中组装成为整体。在空间站中要有人能够生活的一切设施，不再返回地球。其结构特点是体积比较大，在轨道飞行时间较长，有多种功能，能开展的太空科研项目也多而广。空间站的基本组成是以一个载人生活舱为主体，再加上有不同用途的舱段，如工作实验舱、科学仪器舱等。空间站外部必须装有太阳能电池板和对接舱口，以保证站内电能供应和实现与其他航天器的对接。

# 别具风味的太空食品

太空中所有的物品都失去了重量，变得可以随处飞扬，好像空气一样。这样，宇航员就不能像在地球上那样可以随时取食，轻松地嚼咽，不然就会因食物不能下咽而卡在食道中间，危及生命。因此，科学家在研制宇宙飞船的同时，也研究制造太空食品。现在供宇航员食用的食品种类繁多，不仅有新鲜的面包、水果、巧克力，也有装在太空食品盒里的炒菜、肉丸等，还有番茄酱等调味品。这些食品大多是高度浓缩的、流质状的，所以，宇航员的进食方式与在地球上不同。

新开发的常用太空食品有两种。一种是流质的，叫"营养补液"，专供医院病人用。另一种是固体的"高浓缩营养胶囊"。这种外形像胶囊的太空食品，可以根据不同人的需要制造。这种太空食品现在主要供病人、康复期的患者、偏食的幼儿、饮食不规律的体弱者以及营养不足的运动员用，将来会成为人类最方便、营养价值最高的食品。

# 为什么只有地球有生命？

从太阳系内部来看，太阳的位置是固定的，这时，与太阳的远近就成了最重要的问题。水星离太阳太近，而木星等类木行星离太阳太远，而且是气态或液态的，都不适合生命生存。月球与太阳的距离正合适，但月球太小了，其引力无法固定住空气和水，没有空气和水，也就没有生命。金星和火星的位置不如地球好，但也都在生命可忍受的范围之内，但金星自转太慢，内部早已凝固，是个没有活力的星球，金星的大气层中有超过97%的二氧

化碳，使得其表面的温室效应明显，地表温度超过400度，任何生命都受不了。火星是除地球之外环境最好的大行星，有透明的大气和说得过去的温度，但火星太小了，只有地球的一半大，致使大气过于稀薄，保存水分的能力很差，使火星的地表水很快散失到太空中去了。此外，火星的卫星太小，无法为其遮挡陨石袭击，也使得火星的环境进一步恶化。

# 春季星空

春季星空的主要星座有：大熊座、小熊座、狮子座、牧夫座、猎犬座、室女座、乌鸦座和长蛇座。在天顶略偏东北的方向，可以看到北斗七星，斗口两颗星的连线，指向北极星。而此时的斗柄，正指向东，所以有云：斗柄东指，天下皆春。斗柄北指，天下皆夏。斗柄西指，天下皆秋。斗柄南指，天下皆冬。而顺着斗柄的指向，可以找到一颗亮星，即牧夫座的大角。然后到达室女座的主

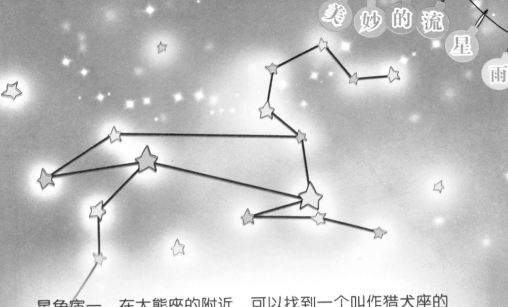

星角宿一。在大熊座的附近，可以找到一个叫作猎犬座的小星座，其中有一个旋涡星云，即M51，M51是有名的河外星系。室女座被奉为主管农业的神，从它的主星角宿一略向西南，是由四颗星组成的乌鸦座。乌鸦座的下面是长蛇座的尾部。长蛇座从东向西，横跨大半个天空，是全天最大的星座之一。长蛇头部的东北，是著名的狮子座。它是春夜星空最辉煌的中心。狮子星座的主星，中文名轩辕十四，是处于黄道上的一颗一等星。

夏季星空

夏季是看星的好时节，天黑以后向西看，就能找到狮子座。狮子座东面是室女座，还有天蝎座。在天空南方，视觉上比较低的星空中闪耀着一颗红色的亮星，它是天蝎座的主星心宿二，也是一颗处在黄道上的亮星。天蝎座的明显特征是有三颗星等距成弧状摆开，心宿二恰在圆心。天

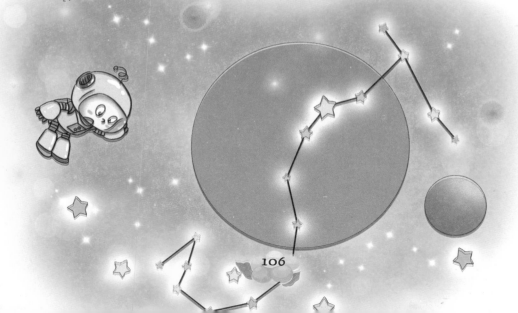

106

蝎座东面，就是人马座，人马座的东半部分，有六颗星，被称为南斗。在天蝎与人马一带的星空，有一条白茫茫的光带，那就是银河了。顺着银河向东北找，可以看到紧靠着一个四边形的织女星和带着左右两颗小星的牛郎星。而与这两颗亮星组成一个三角形的一颗亮星，就是天津四，它和它所属的天鹅座的其他星组成了一个十字，很好辨认。北斗七星此时在西北天，找到牧夫座后，向东，在差不多天顶的位置，有个半圆形的星座，叫作北冕座，就像一个镶满珠宝的皇冠，这里聚集着大量的星系。

# 秋季星空

秋夜星空多是王公贵族：仙王，仙后，仙女，英仙，飞马，鲸鱼。天顶偏东是飞马座。仙女座就是在飞马座东北的一字形星座。仙女座北面是W形的仙后座。仙后座西面是仙王座，东面是英仙座。英仙座的大陵五是著名的食变星，英仙座与仙后座之间是英仙座双重星团。仙女座则有一个著名的大星系：仙女座大星云。这是一个比银河系还大得多的星系，也是北半天中距离我们最近的一个星系。秋夜的星空晴朗透明，也是看星的好时候。在西南地平线上，人马座已经斜挂在那儿了。西方的天空还有牛郎织女在窃窃私语，天津四也在那做"电灯泡"，而南方却只有一颗孤独的亮星北落师门。东北角上升起了两颗亮星：五车二，毕宿五。

# 冬季星空

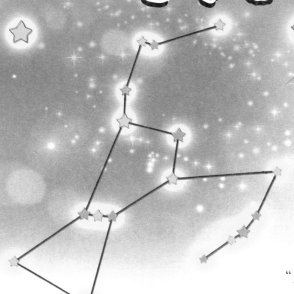

　　冬季虽然寒冷，但星空却极其壮丽。猎户座是冬季星空的中心。在厦门的纬度，入夜后，就可看到三颗排列整齐的亮星，民间说"三星高照"就是它们了。

　　三星的周围有四颗亮星和三星组成一个长方形，就是猎户座。三星就是猎户的腰带。三星连线向左下方延长，就能遇到全天最亮的恒星：天狼星。它是大犬座的主星。从三星向右上方延长就是红色亮星毕宿五。旁边是五车二。金牛座东南是双子座，向东是

**美妙的流星雨**

巨蟹座，再往东是狮子座的头部了。

猎户座的西南是巨大却十分暗淡的波江座。主星水委一，要到广东才依稀看到猎户座正南方是天兔，天鸽座。在往南是船底座的主星老人星。猎户座的三星下方，有一片亮斑，那就是猎户座大星云。三星最左边的那颗旁边是马头星云。金牛座的昴星团是一个极好看的疏散星团。大约由５００颗恒星组成。

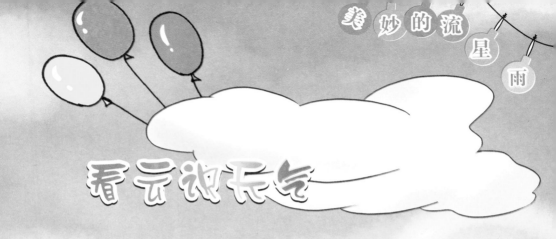

# 看云识天气

"二更上云三更开，三更上云雨就来"这句谚语讲的是我国东南沿海常见的情形。在那里，一边是海面，一边是陆地，在一天中，海陆的冷热变化不同。水比土不容易变热，也不容易变冷（水的比热比土大）。白天，在太阳的照晒下，陆地很快变热，而海水变热较慢；到了晚上，陆地很快变冷，而海水较暖。因此，夏天陆地上的积云，通常是下午大量出现，一般到晚上就消散了；而海上的积云，却要到傍晚才生成，然后到下半夜才消散。这是正常现象，也就是谚语所说的二更时起的云，到三更时会散去。但是海边半夜后生起的云，却不是当地形成的，它多半是随着低气压或锋面从别处转移的，等到它们移近时，天就要下雨了。所以三更后出现的云，会是下雨的先兆。

# 看风识天气

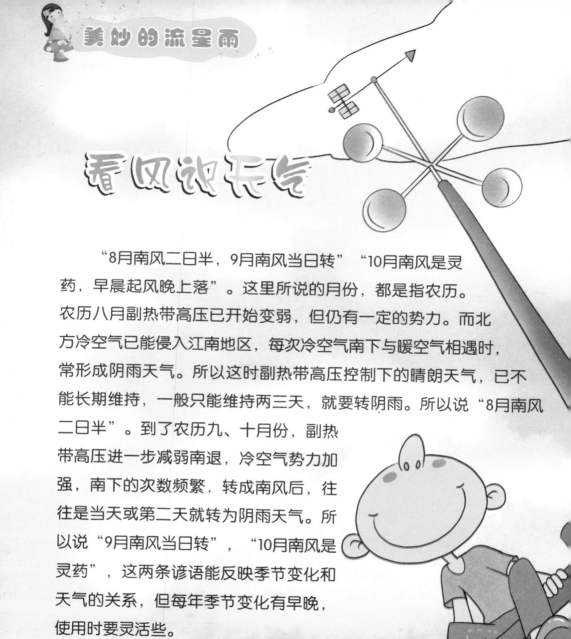

　　"8月南风二日半，9月南风当日转""10月南风是灵药，早晨起风晚上落"。这里所说的月份，都是指农历。农历八月副热带高压已开始变弱，但仍有一定的势力。而北方冷空气已能侵入江南地区，每次冷空气南下与暖空气相遇时，常形成阴雨天气。所以这时副热带高压控制下的晴朗天气，已不能长期维持，一般只能维持两三天，就要转阴雨。所以说"8月南风二日半"。到了农历九、十月份，副热带高压进一步减弱南退，冷空气势力加强，南下的次数频繁，转成南风后，往往是当天或第二天就转为阴雨天气。所以说"9月南风当日转"，"10月南风是灵药"，这两条谚语能反映季节变化和天气的关系，但每年季节变化有早晚，使用时要灵活些。

# "拉眼" 和 "眨眼"

　　由于大气的折射，夜间天空星光的位置和亮度经常出现不规则的变化，即闪烁现象。这是由于各高度上大气密度发全剧烈变化造成的。当大气中存在多种密度不同的气层时，星光穿过这些气层必将发生多种多样的折射，有时像穿过凸透镜形成辐合光束，有时像穿过凹透镜形成的辐散光束。前者进入眼睛的光线多些，觉得亮些，后者进入眼睛的光线少些，觉得暗些。星光的这种明暗交替的变化，使我们觉得它在闪烁。此外，大气中水汽多时也能增强闪烁现象，这是因为水汽多时不但能促进空气密度的变化，而且还能大量吸收波长较长的光线，使波长较短的蓝光更为明晰。由此可知，星光闪烁表示着大气中的不稳定性和水汽含量多变的凌乱状态，使星光折射方向很快变动，预示着天气将有变化。所以看到"星星眨眼"，天气是晴不久的，并且可能将有风雨。

# 具有微粒性的光

　　光具有微粒性，这就使人们知道光是由微粒组成的。由于每个微粒的体积非常小而不易察觉，可见，光必然是大量的微粒聚集在接收体上的一种体现形式。光又分为X光、可见光和红外光等，这说明了各种光都分别由各种不同的微粒而组成。否则的话，我们根本不可能发现各种各样的光线。

　　光还具有极快的传播速度。这种速度，其实就由组成其微粒的运动速度来决定。可想而知，如果没

美妙的流星雨

有光微粒的高速运动，那么我们就不可能接收到来自遥远天体发出的光。

　　天文学家在观测星爆时发现，它们先是接收到γ射线，然后依次到X光线、可见光线和红外光线。这一事实说明了各种光的传播速度并不一样。实验也证实了这一点。这其实是表明组成各种光的微粒，它们的运动速度各不一样。

# 光子的运动

宇宙是由光子与不同的运动形式和不同的存在方式及原子核构成的。如光子的定向流动产生引力、光子在同一时间所受的压力达到一定时，就会与无线电波的形式传播光的信息，当光子的加压力增大到能克服光子之间的挤压时，就会推开旁边光子的挤压而推动前面的光子做直线向前运动。加压力的大小决定光子移动的数量，决定光子传播的远近，光能的传播速度与光的频率无关，由光子的弹性决定，就好像声音的传播速度与频率无关一样。光子被由光子构成的电子从分子外带进分子内，原子核是光子加速器，当光子碰在它的瞬间使光子产生加压力而向外移动，这个向外移

动的加压力推开两边光子的挤压，而推动前面的光子也做相应的向前加速运动，在前进中加压力慢慢减小，最后变为零，光子在加速度的前进中，在真空中按一定的距离释放一个光子，在空气中极小的一部分碰向原子核而产生另一个加压力形成温度，有一部分被分子里的电子反射减弱，最后碰在地球上被反射一部分，然后全部被固体分子的原子核所转化。

# 万有引力

　　万有引力定律的发现，是17世纪自然科学最伟大的成果之一。它把地面上物体运动的规律和天体运动的规律统一了起来，对以后物理学和天文学的发展具有深远的影响。它第一次解释了一种基本相互作用的规律，在人类认识自然的历史上树立了一座里程碑。

　　万有引力定律揭示了天体运动的规律，在天文学上和宇宙航行计算方面有着广泛的应用。它为实际的天文观测提供了一套计算方法，可以只凭少数观测资料，就能算出长周期运行的天体运动轨道，科学史上哈雷彗星、海王星、冥王

星的发现，都是应用万有引力定律取得重大成就的例子。利用万有引力公式、开普勒第三定律等还可以计算太阳、地球等无法直接测量的天体的质量。牛顿还解释了月亮和太阳的万有引力引起的潮汐现象。他依据万有引力定律和其他力学定律，对地球两极呈扁平形状的原因和地轴复杂的运动，也成功地做了说明。推翻了古人类认为的神之引力。